BEI GRIN MACHT SICH IHR WISSEN BEZAHLT

- Wir veröffentlichen Ihre Hausarbeit,
  Bachelor- und Masterarbeit

- Ihr eigenes eBook und Buch -
  weltweit in allen wichtigen Shops

- Verdienen Sie an jedem Verkauf

Jetzt bei www.GRIN.com hochladen
und kostenlos publizieren

Melanie Scheid

Geoökologische Probleme der Biomassenutzung in Südamerika am Beispiel von Brasilien

GRIN Verlag

Bibliografische Information der Deutschen Nationalbibliothek:

Die Deutsche Bibliothek verzeichnet diese Publikation in der Deutschen National-
bibliografie; detaillierte bibliografische Daten sind im Internet über http://dnb.d-
nb.de/ abrufbar.

Impressum:

Copyright © 2014 GRIN Verlag GmbH
Druck und Bindung: Books on Demand GmbH, Norderstedt Germany
ISBN: 978-3-656-69018-4

Dieses Buch bei GRIN:

http://www.grin.com/de/e-book/276084/geooekologische-probleme-der-biomas-
senutzung-in-suedamerika-am-beispiel

FR 5.4 Geographie

Hauptseminar Physische Geographie Wintersemester 2013/14

Geoökologische Probleme konventioneller und erneuerbarer Energieerzeugung

Hausarbeit

„Geoökologische Probleme der Biomassenutzung in Südamerika am Beispiel von Brasilien"

Name: Melanie Scheid

Abgabetermin: 31.03.2014

Gliederung

Tabellenverzeichnis

1 Einleitung

„Die Zivilisation ist an einem Wendepunkt ihrer Energieversorgung [...] angelangt" (SCHEER 2004, S. 1), schreibt Herrmann Scheer in seinen Analysen zu Klimawandel und erneuerbaren Energien. Fakt ist, dass angesichts des gestiegenen Energieverbrauchs konventionelle fossile Energiereserven bald aufgebraucht sein werden, Erdöl und Erdgas womöglich noch in der ersten Hälfte dieses Jahrhunderts. Es müssen also Alternativen gefunden werden, bevor sich die absteigende Kurve der fossilen Energiereserven und die steigende Kurve des Energiebedarfs kreuzen (vgl. ebd., S. 1).

Der Suche nach alternativen Energieträgern steht zudem das Kyoto-Protokoll gegenüber, das „eine Reduktion der klimaverändernden Treibhausgase um mindestens 60 Prozent im Jahr 2050" (SCHEER, S. 3) vorschreibt. Die neuen Energieträger müssen also nicht nur ausreichend Energie liefern, sondern auch noch möglichst wenig oder gar kein CO_2 sowie weitere Treibhausgase produzieren.

Im Vordergrund steht auch die Nachhaltigkeit erneuerbarer Energien. Dies bedeutet nach den sog. *drei Säulen der Nachhaltigkeit* (oder auch *Nachhaltigkeitsdreieck*), dass ökologische, ökonomische und soziale Aspekte berücksichtigt werden müssen (vgl. LEXIKON DER NACHHALTIGKEIT 2014, web.).

Die folgende Arbeit beschäftigt sich daher mit Nachhaltigkeitsproblemen, aber insbesondere mit den geoökologischen Problemen, der *Biomassenutzung in Südamerika*, am Beispiel des Anbaus und der Weiterverarbeitung von *Zuckerrohr in Brasilien*.

Hierbei wird zunächst der Begriff *Biomasse* definiert und ihre *energetische Nutzung* beschrieben. Es folgt eine Erläuterung der *allgemeinen geoökologischen Probleme*, die durch die Biomasse entstehen.

Anschließend wird am *Fallbeispiel Brasilien* auf die Probleme der Nutzung der Zuckerrohrpflanze als Energieträger eingegangen.

Dabei soll zunächst auf den Energiebedarf Brasiliens sowie die Eigenschaften von Zuckerrohr als Energieträger eingegangen werden.

Daraus kann anschließend gefolgert werden, welche Voraussetzungen Brasilien für den Anbau dieser Pflanze bietet, hierbei wird einerseits näher auf das staatliche *Proálcool-Programm* der 1970er und 80er Jahre eingegangen und andererseits die heutige Bedeutung des Zuckerrohranbaus bzw. der Ethanolproduktion beleuchtet.

Welche geoökologischen Probleme aus der Nutzung von Biomasse aus Zuckerrohr entstanden sind bzw. noch entstehen, beschreibt das darauf folgende Kapitel.

Ein abschließendes Fazit soll die Rolle des Zuckerrohranbaus zur energetischen Nutzung sowie dessen Nachhaltigkeit bewerten.

2 Biomasse

2.1 Definition

Pflanzen spielten schon immer eine entscheidende Rolle als Energiequelle der Menschheit. Bereits die ersten Vertreter des homo sapiens verbrannten Holz und Stroh, um die Energie als Wärme und Licht zu nutzen. Auch pflanzliche Öle und Wachse wurden bereits früh als Brennmaterial genutzt. Indirekt hing auch die menschliche und tierische Arbeitskraft von Pflanzen als Nahrungs- bzw. Futtermittel ab. Bei indigenen Völkern ist dies zum Teil heute noch der Fall (vgl. STITT 2008, S. 170).

Ab der Industriellen Revolution wurden Steinkohle, Erdöl und Erdgas zum dominierenden Energieträger. Die begrenzte Reichweite der fossilen Energieträger und ihr hoher Ausstoß an Treibhausgasen führten jedoch zu einem neuen Interesse an *Biomasse* (vgl ebd., S. 171).

Doch was genau ist Biomasse?

„Unter *Biomasse* (BM), addiert aus Phyto- und Zoomasse, versteht man sämtliche Stoffe organischer Herkunft. Sie entsteht durch Photosynthese, wobei der Luft CO_2 entnommen und unter Energiezufuhr aus Sonnenlicht Kohlehydrate aufgebaut werden" (BRÜCHER 2009, S. 208). Es werden allerdings nur 0,5-0,6% der Strahlungsenergie chemisch gebunden (vgl. ebd., S. 208). Somit ist Biomasse also eigentlich eine Form der Solarenergie. Die organische Materie der Pflanze bzw. des Konsumenten dient als Speicher für einen Teil der Energie. Damit wird Biomasse zum biogenen Energieträger (vgl. ebd., S. 208).

Sie beinhaltet „die in der Natur lebende Phyto- und Zoomasse (Pflanzen und Tiere), die daraus resultierenden Rückstände (z.B. tierische Exkremente), abgestorbene (aber noch nicht fossile) Phyto- und Zoomasse (z.B. Stroh) [und] im weiteren Sinne alle Stoffe, die bspw. durch technische Umwandlung und/oder Nutzung entstanden sind (wie Papier- und Zellstoff, Schlachthofabfälle, organischen Hausmüll, Pflanzenöl, Alkohol...)" (KALTSCHMITT 1997, S. 499).

Man unterscheidet zwischen primärer und sekundärer Biomasse: Primäre Biomasse entsteht durch direkte photosynthetische Ausnutzung der Sonnenergie und bezeichnet damit die gesamte Pflanzenmasse, wie bspw. land- oder forstwirtschaftliche Produkte aus Energiepflanzenanbau sowie pflanzliche Rückstände aus Land- und Forstwirtschaft und Industrie. Sekundäre Biomasse hingegen entsteht beim Umbau oder Abbau organischer Substanzen in höheren Organismen, also z.B. Tiere, Tierprodukte (d.h. also die gesamte Zoomasse), Exkremente, Klärschlamm oder organische Abfälle. Die Energie stammt in diesem Fall nur indirekt von der Sonne (vgl. KALTSCHMITT 1997, S. 499).

2.2 Energetische Nutzung der Biomasse

Nachdem die Biomasse entsprechend des Ausgangsmaterials aufbereitet wurde, kann sie thermochemisch, physikalisch-chemisch oder biochemisch in Energie umgewandelt werden.

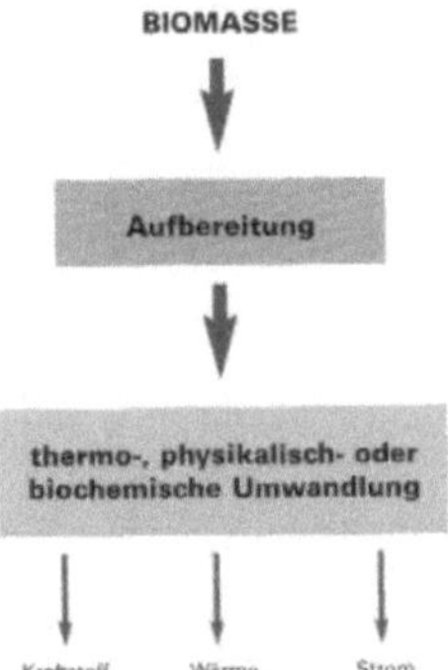

Abbildung 1: Aufbereitung Biomasse (BUNDESMINISTERIUM FÜR UMWELT, NATURSCHUTZ UND REAKTORSICHERHEIT 2000, S. 45)

Zur thermochemischen Umwandlung zählen Vergasung, Verflüssigung und Verkohlung, als physikalisch-chemisch bezeichnet man alle Verfahren zur Bereitstellung eines Energieträgers auf der Basis von Pflanzenölen (Ausgangsmaterial sind dann jeweils ölhaltige Biomassen, z.B. Raps), von einer biochemischen Umwandlung spricht man, wenn die Biomasse mit Hilfe von Mikroorganismen und damit durch biologische Umwandlung zur Endenergie wird (vgl. KALTSCHMITT 1997, S. 501-503).

Weltweit betrachtet ist Biomasse die bedeutendste erneuerbare Energie. 2008 besaß die Biomasse einen Anteil von 77% an den insgesamt 13% erneuerbaren Energien im globalen Energieangebot (vgl. ASCH, HUELSEBUSCH 2009, S. 80). Ihr Potenzial beträgt etwa 100 EJ pro Jahr aus Holz bzw. holzartiger Biomasse, Halmgut, Exkrementen und Dung (vgl. BRÜCHER 2009, S. 211). Der weltweite Bedarf liegt bei über 500 EJ pro Jahr (vgl. Ökosystem Erde 2011, web).

Im Gegensatz zu anderen regenerativen Energiequellen, die nur zur Wärme- oder Stromerzeugung genutzt werden können, kann Biomasse auch im Bereich Mobilität - als Treibstoff - eingesetzt werden (vgl. ASCH, HUELSEBUSCH 2009, S. 78).

Theoretisch sind weltweit 350-950 Mio. ha Fläche für den Anbau von Energiepflanzen verfügbar. Bisher nimmt Holz mit 2 Mrd. Tonnen pro Jahr noch Platz 1 der Biomasse ein (1 kg entspricht 14,7 MJ), dies gilt nicht nur für Entwicklungsländer (vgl. BRÜCHER 2009, S. 211).

Feste und gasförmige Energieträger werden zur Wärme- und/oder Stromerzeugung verwendet, flüssige dagegen als Kraftstoffe. Dabei werden Pflanzenöle zur Erzeugung von Biodiesel und zucker- und stärkehaltige Pflanzen zur Erzeugung von Bioethanol (Benzin) genutzt (vgl. ebd., S. 213-215). Da flüssige Brennstoffe eine hohe Energiedichte besitzen und gut für den Transport geeignet sind, spielen sie eine besondere Rolle (vgl. AMMERMANN, MENGEL 2011, S. 325).

Es ist geplant, die fossilen Treibstoffe durch Biotreibstoffe zu ersetzen. So hat sich die EU darauf festgelegt, den Anteil von 1% (Stand 2009) bis zum Jahr 2020 auf 10% zu steigern, die USA wollen den Anteil im gleichen Zeitraum von 4% auf 20% erhöhen (vgl. ASCH, HUELSEBUSCH 2009, S. 78).

Der aus diesen politischen Entscheidungen entstandene Boom hat jedoch dazu geführt, dass Biokraftstoffe im großen Stil eingeführt wurden, bevor ihr Einfluss auf Landnutzung, Wasser, Klima, Öko- und Sozialsysteme gründlich untersucht wurde, ebenso bevor Maßnahmen umgesetzt wurden, die evtl. dadurch verursachte Schäden und Risiken verhindern (vgl. ASCH, HUELSEBUSCH 2009, S. 78). Im folgenden Kapitel soll auf die möglichen Probleme eingegangen werden.

2.3 Geoökologische Probleme der Biomassenutzung – allgemein

Die Nutzung von Biomasse bringt sicherlich einige Chancen mit sich, jedoch birgt sie auch Risiken. Im Folgenden sollen einige dieser näher betrachtet werden.

Flächenkonkurrenz
Biomasse ist die flächenintensivste der erneuerbaren Energien, sie hat mit deutlichem Abstand den höchsten Flächenbedarf pro gewinnbare Energieeinheit. Um 1 GJ pro Jahr zu erzeugen werden 70-130 m^2 für Brennholz aus dem Wald, 108-217 m^2 für Bioethanol oder sogar 212 m^2 Raps für Biodiesel benötigt. Zum Vergleich: Um die gleiche Energie zu erzeugen benötigt Solarenergie 0,8 m^2, Wind 1,1 m^2 und Wasserkraft 10 m^2 (vgl. BRÜCHER 2009, S. 210-211). Aufgrund von Wirtschaftlichkeitsüberlegungen tritt häufig eine Flächenkonkurrenz mit der Anbaufläche von Nahrungs- oder Futtermitteln auf (vgl. AMMERMANN, MENGEL 2011, S. 327).

Intensivierung
Es werden möglichst hohe Biomasseerträge angestrebt. Aus diesem Grund werden sehr intensive Kulturen angebaut, eine mehrmalige Ernte pro Jahr ist keine Seltenheit. Damit verbunden sind ein hoher Einsatz von Pflanzenschutz- und Düngemitteln und eine intensive

Bewirtschaftung. Auch ehemals stillgelegte Anbauflächen werden wieder intensiv genutzt (vgl. AMMERMANN, MENGEL 2011, S. 327).

Grünlandumbruch
Der Grünlandanteil geht zugunsten der Anbaufläche für Energiepflanzen zurück (vgl. AMMERMANN, MENGEL 2011, S. 327).

Verstärkter Eintrag von Dünge- und Pflanzenschutzmitteln
Wie bereits bei der Intensivierung angesprochen, werden verstärkt Dünge- und Pflanzenschutzmittel eingesetzt, die in Böden, Grund- und Oberflächengewässer gelangen. Des Weiteren kann es bei der Erzeugung von Biogas auch zur Ausbringung des sog. Gärrestes kommen (vgl. AMMERMANN, MENGEL 2011, S. 327).

Verstärktes Erosionsgeschehen
Der Wunsch nach hohen Biomasseerträgen führt dazu, dass auch in Lagen bzw. auf Böden angebaut wird, die nicht dafür geeignet sind. So wird bspw. Mais auch in geneigten Lagen angebaut und der Boden ist nach dessen Ernte oft unbedeckt, was jeweils zu einem erhöhten Erosionsrisiko führt (vgl. AMMERMANN, MENGEL 2011, S. 327).

Verengung der Fruchtfolgen
Die EU schreibt zum Pflanzenschutz eine dreigliedrige Fruchtfolge vor. Diese kann jedoch bei entsprechender Humusbilanz umgangen werden, sodass es teilweise zu einer Verengung oder sogar Aufgabe von Fruchtfolgen kommt. Dies ist insbesondere bei Mais der Fall (vgl. AMMERMANN, MENGEL 2011, S. 327).

Negative spezifische Auswirkungen des Energiepflanzenanbaus
Einige Energiepflanzen werden bereits sehr früh geerntet, da hier andere Anforderungen an die Rohstoffe gestellt werden und so auch eine zweite Kultur ermöglicht wird. Dies hat jedoch negative Auswirkungen auf Bodenbrüter und Niederwild, da Bearbeitung bzw. Ernte in den gleichen Zeitraum wie die Aufzucht der Jungen fallen (vgl. AMMERMANN, MENGEL 2011, S. 327-328).

Verlust an Arten und Lebensräumen
Die regionale Verengung auf die ertragsreichste Kultur und die intensive Form der Bewirtschaftung führen zu einem Verringerung der Biodiversität: Es kommt zu einem Verlust der Lebensräume und infolgedessen zu einem Rückgang von Tier- und Pflanzenarten.

Hiervon sind insbesondere Bodenbrüter (wie bereits oben beschrieben) sowie Arten, die den Acker zur Nahrungssuche nutzen, betroffen. Auch der Umbruch von naturschutzfachlich wertvollem Grünland führt zu einem Verlust der Lebensräume von vielen seltenen und gefährdeten Arten (vgl. AMMERMANN, MENGEL 2011, S. 328).

Beeinträchtigung der Kulturlandschaft

Eine Veränderung der Kulturlandschaft wird als Erstes über das Landschaftsbild erkennbar. Der Anbau von Monokulturen und damit die Verringerung der Biodiversität führen zu einer Vereinheitlichung des Landschaftsbilds. Inwiefern sich dies negativ auf dieses und die damit verbundene Erholungsfunktion der Landschaft auswirkt, hängt teilweise von der angebauten Kultur ab sowie von den landschaftlichen Zusammenhängen und der Ausdehnung der Kulturen. So werden blühende Rapsfelder bspw. als schöner bewertet als eine „Vermaisung der Landschaft", da sich die Maisfelder gerade aufgrund ihrer Höhe als besonders landschaftsprägend auswirken (vgl. AMMERMANN, MENGEL 2011, S. 328).

Beeinträchtigung der Schutzgüter Boden, Wasser und Luft als Bestandteile des Naturhaushalts

Einträge von Schad- und Reststoffen in den Boden und Grund- bzw. Oberflächengewässer schädigen die Leistungsfähigkeit des Naturhaushalts.

Kritisch zu betrachten ist auch die Treibhausgasbilanz. So hat die Nutzung der Biomasse selbst zwar einen geschlossenen CO_2-Kreislauf - das durch die Verbrennung von Biomasse freigesetzte CO_2 wurde während des Pflanzenwachstums in entsprechender Menge der Atmosphäre entzogen (vgl. BUNDESMINISTERIUM FÜR UMWELT, NATURSCHUTZ UND REAKTORSICHERHEIT 2000, S. 50) – jedoch führen weite Transportwege, intensiver Betriebsmitteleinsatz (vgl. AMMERMANN, MENGEL 2011, S. 328), die Entstehung von Lachgas bei der Herstellung von Düngemitteln etc. (vgl. BUNDESMINISTERIUM FÜR U., N. UND R. 2000, S. 50) wieder zu einer positiven Bilanz.

Dennoch besitzt Biomasse einige Vorteile gegenüber anderen erneuerbaren Energien: Durch die Speicherung der Energie in den Organismen stellen Biomasse und ihre Derivate eine „stetig verfügbare und planbare Energiequelle" dar (BRÜCHER 2009, S. 209). Somit können durch Biomasse Lücken in der Energieversorgung durch Windkraft und Photovoltaik gefüllt werden.

Ebenso ist natürlich die vielseitige Verwendungsmöglichkeit von Biomasse - von der Wärmeerzeugung über Verstromung bis hin zum Kraftstoff (vgl. BRÜCHER 2009, S. 209) – ein Vorteil.

Asch und Huelsebusch haben folgende Vor- und Nachteile der gestiegenen Biotreibstoffproduktion (durch Weiterverarbeitung der Biomasse) verschiedener Autoren und Studien zusammengetragen:

Vorteile	Nachteile
Schafft neue Arbeitsplätze	Zerstört die Umwelt
Verstärkt das wirtschaftliche Wachstum	Verstärkt die Nahrungsmittelknappheit
Verringert den Ausstoß von Treibhausgasen	Verringert die Wasserverfügbarkeit für die Landwirtschaft
Ist CO_2-neutral	Verstärkt die Kluft zwischen Arm und Reich
Marginale Landflächen können wieder genutzt werden	Schafft Flächenkonkurrenz
Verstärkt die ländliche Entwicklung	Ist zu teuer
Bietet „lokal angebaute" Energie	Verstärkt den Ausstoß von Treibhausgasen
Bietet Energiesicherheit	Verschmutzt die Umwelt
Verbessert die Handelsbilanz	

Tabelle 1: Vor- und Nachteile der gestiegenen Biotreibstoffproduktion (vgl. ASCH, HUELSEBUSCH 2009, S. 77)

2.4 *Zuckerrohr als Energieträger*

Ein Ausgangsmaterial für die Produktion von Biomasse ist Zuckerrohr, welches vor allem in Brasilien eine entscheidende Rolle in der Energiewirtschaft spielt.

Hier sollen zunächst ein paar Informationen zu dieser Energiepflanze gegeben werden:

Abbildung 2: Zuckerrohrfeld (Internet: http://www.klima-sucht-schutz.de/klimaschutz/klimawandel/die-abholzung-der-waelder/)

Zuckerrohr (*Saccharum officinarum*) ist ein bis zu 7 m hohes Gras, mit einem Wurzelstock der über 20 Jahre neue Halme hervorbringen kann. Diese werden bis zu 7 cm dick, sind wachsbedeckt und mit einem weichen zuckerspeichernden Mark gefüllt. Bei Zuckerrohr handelt es sich um eine typische Kurztagpflanze (vgl. HERRMANN, ROSINSKI 1994, S.16).

Der Ursprung der Pflanze liegt in Neuguinea, von wo aus sich der Anbau über die Malayischen Inseln nach Indien und China ausbreitete, in die Mittelmeerländer gelangte und von dort in die Kolonialländer und Tropen der ganzen Welt verbreitet wurde (vgl. ebd., S. 17).

„Zuckerrohr ist eine Pflanze des tropischen Tieflandklimas" (ebd., S. 18). Sie wird in den Tropen bzw. Subtropen zwischen 37° n. Br. und 31° s. Br. angebaut. Ihr Wasserbedarf ist mit 1200 bis 1800 mm Regen pro Jahr hoch, in trockenen Gebieten steigt ihr Bedarf auf über 2500 mm (vgl. ebd., S. 18). Optimal sind „schwere, nährstoffreiche Böden mit guter Wasserspeicherung und Durchlüftung" (ebd., S. 18).

Die Nutzung von Zuckerrohr als Energieträger erfolgt hauptsächlich über *Bioethanol.*
Durch die Vergärung des Zuckers entsteht Alkohol (H_3C-CH_2-OH). Dieser kann auch über andere zucker- und stärkehaltige Pflanzen wie Zuckerrüben, Mais oder Kartoffeln gewonnen werden, allerdings führt Zuckerrohr nach Litererträgen mit 6000 l/ha. Das gewonnene Bioethanol ist darüber hinaus billiger als das aus anderen Pflanzen (vgl. BRÜCHER 2009, S. 209).
Bioethanol enthält etwa 65% des Energiewerts von Benzin. Es kann allein verwendet werden oder mit Benzin vermischt werden (vgl. ebd., S. 209).

Etwa 90 Gewichtsprozent des Zuckerrohrs gehen bei der Ethanol-Produktion als *Bagasse* „verloren" (vgl. ANTONIETTI, GLEIXNER 2008, S. 213). Bagasse sind die fasrigen Überreste, die beim Auspressen des Pflanzensafts entstehen. Sie bestehen aus Cellulose, Hemicellulose und Lignin und können beispielsweise als Festbrennstoff genutzt werden (vgl. PFLANZENFORSCHUNG.de o.J., web).

3 Fallbeispiel Brasilien

3.1 Energiebedarf Brasiliens

Das *Ministério de Minas e Energia* hat in seinem Bericht 2013 folgende Daten für die Energiebilanz Brasiliens im Jahr 2012 veröffentlicht:

Die im Jahr 2012 verfügbare Energie Brasiliens betrug 283,6 Mtep (Megatonnen Erdöläquivalent), womit das Energieangebot im Vergleich zum Vorjahr um 4,1% gesteigert wurde. Der Energieverbrauch betrug 236,8 Mtep (Anstieg um 3,4%). Das Wachstum im Energieverbrauch ist höher als das des BIP in Brasilien, so stieg der Verbrauch von flüssigen Kraftstoffen (Benzin und Diesel) um 4,9%, der von Strom um 3,8% (vgl. MINISTERIO DE MINAS E ENERGIA 2013, S. 21). Wie bereits erwähnt liegt jedoch das durchschnittliche Wachstum des Energieverbrauchs unter dem des Energieangebots.

Brasilien verfügt also nach diesen Daten über einen Energieüberschuss (vgl. MINISTERIO DE MINAS E ENERGIA 2013, S. 14).

Auffällig hierbei ist der Anteil erneuerbarer Energien.

Dieser betrug in Brasilien im Jahr 2012 42,2%, damit liegt Brasilien deutlich über dem weltweiten Durchschnitt mit 13,2% (2010) (vgl. MINISTERIO DE MINAS E ENERGIA 2013, S. 15).

Das Energie*angebot* Brasiliens setzt sich insgesamt wie folgt zusammen:

Die nicht erneuerbaren Energien beanspruchen 57,6%, wobei Erdöl mit 39,2 % deutlich auf dem ersten Platz liegt. 11,5 % entfallen auf Erdgas, 5,4% auf Steinkohle und 1,5% auf Uran.

Bei den erneuerbaren Energien liegt Biomasse aus Zuckerrohr mit 15,4% ganz vorne – im Gesamtvergleich des Energieangebots damit auf Platz 2 (näheres dazu in dem folgenden Kapitel) – 13,8% werden über Wasserkraft, 9,1% über Brennholz und 4,1% über andere erneuerbare Energien erzielt (vgl. MINISTERIO DE MINAS E ENERGIA 2013, S. 18).

Wie die Energiebilanz des MME gezeigt hat, stieg auch die Nutzung des ‚Abfallprodukts‘ Bagasse zur Energieerzeugung im letzten Jahr deutlich an. So wurden 20,1 % des Stromverbrauchs der Industrie mit Bagasse gedeckt, 5,8% mehr als im Vorjahr (vgl. MINISTERIO DE MINAS E ENERGIA 2013, S. 26).

Biodiesel wurde 2005 gesetzlich in die brasilianische Energiematrix aufgenommen (vgl. BOHN 2010, S. 36) und wird neben Bioethanol ebenfalls als Kraftstoff genutzt. Allerdings wird sein Anteil am Gesamtverbrauch von Diesel (insgesamt 18,3%) nicht angegeben (vgl. MINISTERIO DE MINAS E ENERGIA 2013, S. 22).

Den größten Anteil an Energie verbrauchen Industrie (35,1%) und Transportwesen/Verkehr (31,3%) (vgl. MINISTERIO DE MINAS E ENERGIA 2013, S. 24).

Folgende Grafik veranschaulicht den Endenergie*verbrauch* 2012 aufgespalten nach der Energiequelle:

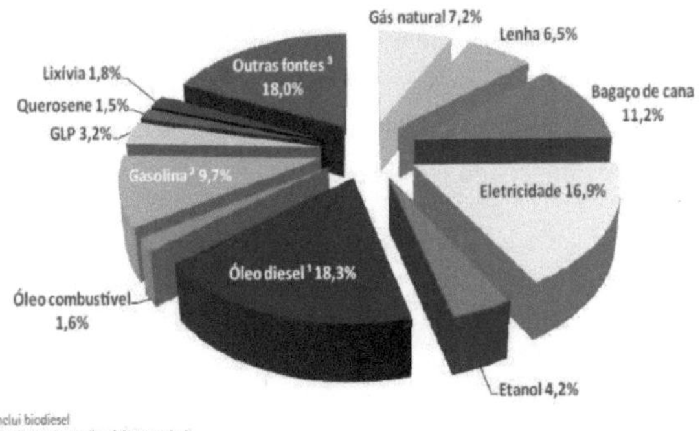

Abbildung 3: Energieverbrauch 2012 nach Energiequelle (MINISTERIO DE MINAS E ENERGIA 2013, S. 22)

3.2 Zuckerrohranbau in Brasilien

3.2.1 Naturräumliche Grundlagen

Brasilien ist mit einer Fläche von etwa 8,5 Millionen km² das fünftgrößte Land der Erde. Es macht 47% der Fläche des südamerikanischen Kontinents aus. Seine Nord-Süd- bzw. West-Ost-Erstreckung erreicht bis zu 4300 km (vgl. ANHUF 2010, S.15).

Das Land lässt sich in drei Großlandschaften einteilen: Das *Brasilianische Bergland* (Ausdehnung 5 Mio. km²), die *große Beckenlandschaft*, die das Amazonas-Becken, das Maranhão-Becken, das Pantanal und das Paraná-Becken umfasst sowie die *große kontinentale Senkungszone* auf der Andenostseite, die jedoch nur einen geringen Anteil ausmacht (vgl. ebd., S. 15-17).

Brasilien dehnt sich von 5° 10' n. Br. bis zu 33° 47' s. Br. aus (vgl. ebd., S. 21), sodass es sich klimatisch von den inneren immerfeuchten Tropen über die wechselfeuchten Tropen bis in die Subtropen im Süden des Landes erstreckt (vgl. ebd., S. 15).

Bedeutend für den Zuckerrohranbau sind vor allem die *Niederschläge*. Diese werden zum einen durch die Verschiebung der ITC und zum anderen durch tropische Ostwinde (Passate) beeinflusst. Letztere kommen über den Atlantik und bringen daher viel Regen mit sich. Sowohl im Norden und Nordosten, als auch im Südosten sind die Niederschläge in den Südsommermonaten am stärksten (vgl. ebd., S. 22).

Neben dem Atlantik wirkt sich auch Amazonasbecken entscheidend auf die Niederschläge aus. Durch die hohe Evapotranspiration fallen die Niederschlagsmengen im westlichen Amazonasbecken höher aus als an der Küste. Die Amazonasregion ist allerdings nicht überall perhumid (vgl. ebd., S. 22).

Eine weitere Besonderheit stellt der Nordosten des Landes dar. Obwohl die Nordostküste sowie die Staaten Ceará, Piauí, Alagoas, Sergipe und Bahia im Landesinneren in den inneren Tropen liegen, befindet sich hier ein ausgedehntes und ausgeprägtes Trockengebiet. Diese Gebiete liegen im Lee der Küstengebirge (vgl. ebd. S. 22).

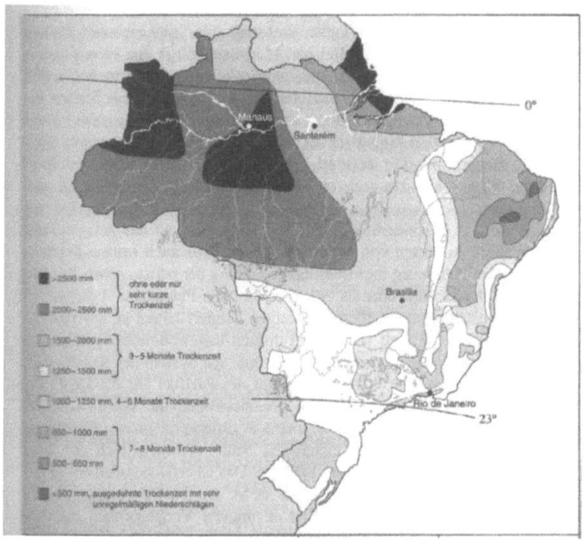

Abbildung 4: Niederschlagsverteilung (ANHUF 2010, S. 23)

Wie bereits in Kapitel 2.4 angesprochen, kann Zuckerrohr in den Tropen und Subtropen angebaut werden. Diese klimatische Bedingung wird in Brasilien erfüllt. Auch der Wasserbedarf von 1200 bis 1800 mm pro Jahr kann in vielen Fällen natürlich gedeckt werden wie die Niederschlagskarte im Vergleich mit der folgenden Karte aktueller und potentieller Zuckerrohr-Anbauflächen zeigt (vgl. ANHUF 2010, S. 22 und KOHLHEPP 2010, S. 362). Insbesondere in der Region São Paulo ist das Klima aufgrund der Niederschläge besonders vorteilhaft für den Zuckerrohranbau (vgl. HENNIGES, ZEDDIES 2007, S. 358). Allerdings erfolgt die Expansion der Anbauflächen auch in Gebiete mit zu geringen Niederschlägen und auch im trockenen Nordosten wird bereits Zuckerrohr angebaut. Auf diese Problematik wird an späterer Stelle eingegangen.

Abbildung 5: Aktuelle und potentielle Anbaugebiete von Zuckerrohr (KOHLHEPP 2010, S. 362)

Daten zum Zuckerrohranbau

Knapp 42% der Landesfläche Brasiliens (355 Mio. ha) werden landwirtschaftlich genutzt, 6 Millionen Hektar dienen dabei dem Anbau von Zuckerrohr (vgl. KOHLHEPP 2010, S. 353).

Diese liefern 400 Millionen Tonnen Zuckerrohr pro Jahr. Umgewandelt in Bioethanol entspricht dies 6000 l/ha (vgl. BRÜCHER 2009, S. 219).

62% des Anbaus erfolgen im Staat São Paulo, im Nordosten befinden sich 12% der Anbauflächen (vgl. KOHLHEPP 2010, S. 361).

Vorteile des Anbaus in Brasilien (z.B. im Vergleich zum Maisanbau zur Produktion von Biomasse in den USA) liegen in den billigen Arbeitskräften, dem geringen Einsatz fossiler Energie und den vermeintlich riesigen Flächenreserven (vgl. BRÜCHER 2009, S. 219 und HENNIGES, ZEDDIES 2007, S. 358f.). Des Weiteren spielt der Wechselkurs des Brasilianischen Real gegenüber dem Euro eine entscheidende Rolle beim Export (vgl. HENNIGES, ZEDDIES 2007, S. 358). Inwiefern diese Vorteile wirklich bestehen und ob die dadurch gewonnene Energie wirklich nachhaltig ist, wird ebenfalls an späterer Stelle erörtert.

3.2.2 Entstehung des Proálcool-Programms

Abgesehen von Hydroelektrizität und den 2007 entdeckten Erdölvorkommen in der Tiefsee verfügte Brasilien lange nur über sehr geringe Energiequellen (vgl. BRÜCHER 2009, S. 219). Um dem Ölpreisschock entgegenzuwirken, startete 1975 das staatliche *Proálcool-Programm*, welches Ethanol als Kraftstoff subventionierte, um die Erdölimporte zu verringern (vgl. KOHLHEPP 2010, S. 361). Ziele des Programms waren weiterhin, Devisen zu sparen, die autarke Versorgung zu erhöhen sowie Landwirtschaft, Konversionsanlagen, Arbeitsplätze und die Automobilindustrie zu fördern.

Die Themen Umweltschonung und nachhaltige Energiepolitik waren zweitrangig (vgl. BRÜCHER 2009, S. 219). So wurde das Brasilianische Institut für Umwelt und Erneuerbare Natürliche Ressourcen (IBAMA = *Instituto Brasileiro de Meio Ambiente e Recursos Naturais Renovaveis*) z.B. erst durch ein Gesetz aus dem Jahre 1989 geschaffen (vgl. BOHN 2010, S. 27).

Auch soziale Nachhaltigkeit wurde nicht berücksichtigt, so waren die Arbeitsbedingungen und sozialen Gegebenheiten während des Programms sehr schlecht. Des Weiteren traten Anbauflächen für Zuckerrohr mit Anbauflächen für Grundnahrungsmittel in Konkurrenz, sodass eine ausreichende Versorgung der Bevölkerung nicht mehr gewährleistet war (vgl. KOHLHEPP 2010, S. 361).

Dennoch erzielte das Programm wirtschaftlich gesehen einige positive Effekte.

So erlangte das *Centro Tecnológico Copersucar* in der Biotechnologie für Zuckerrohr eine führende Rolle.

Die Zulieferindustrie der Treibstoffethanolwirtschaft wurde gestärkt, was sich insbesondere in Absatzsteigerungen, Preiserhöhungen und dem Auftreten neuer Anbieter, speziell von Destillerieanlagen, zeigte (vgl. SCHÖLZEL 2000, S. 213). Der Marktführer Dedini in Piracicaba, wichtigster Arbeitgeber der Region, verkaufte in den ersten acht Jahren des Programms doppelt so viele Destillerien wie in den vorangegangenen 20 Jahren. Die neuen Anlagen waren außerdem deutlich effektiver (vgl. ebd., S. 214)

Technologisch bedeutsam war auch die Teilnahme der Automobilindustrie am Ethanolprogramm, in dem Forschungs- und Entwicklungsarbeiten für die Verwendung von Ethanol betrieben wurden. Die Entwicklungen waren erfolgreich und die Technologie für ethanolbetriebene Fahrzeuge gilt als ausgereift. Der Fahrzeugabsatz konnte zum einen durch eine direkte Förderung der Fahrzeuge und zum anderen durch eine Niedrigpreispolitik des Komplementärguts Ethanol gefördert werden (vgl. ebd., S. 214).

Auch die ethanolchemischen Industrie wurde gestärkt, denn es ist beispielsweise eine Verarbeitung von Ethanol zu Ethylen als Ausgangsprodukt für andere Produkte möglich. Der Vorteil ethanolchemischer Anlagen gegenüber petrochemischer Anlagen liegt in ihrer geringeren Größe und Kapitalintensität. Von dieser Stärkung profitierte v.a. der gering industrialisierte Nordosten. Heute spielt dieser Bereich allerdings keine Rolle mehr (vgl. ebd., S. 215).

Das Programm brach 1989 aufgrund gesunkener Ölpreise und hohen Zuckerpreisen zusammen (vgl. BRÜCHER 2009, S. 219).

3.2.3 *Grünes Gold* - Zuckerrohr als Wirtschaftsfaktor in der heutigen Zeit

Im 21. Jahrhundert erlebte Zuckerrohr einen neuen Boom, sodass mittlerweile auch von „grünem Gold" gesprochen wird. Auslöser war zum einen ein Wiederanstieg des Ölpreises sowie ein Absacken des Zuckerpreises (vgl. BRÜCHER 2009, S. 219). Zum anderen beeinflusste die Förderung erneuerbarer Energien ab 2003 den Zuckerrohranbau, ebenso wie die hohe Produktivität des Ethanols. Schon im Jahr 2008 übertraf Ethanol als Kraftstoff bereits die Verwendung von Benzin auf Grundlage der in Brasilien verbreiteten Flex-fuel-Motoren (vgl. KOHLHEPP 2010, S. 361). Bereits 2005 fuhren hier 20 Millionen Autos mit reinem Bioethanol oder einem Zusatz von 20-24% (vgl. BRÜCHER 2009, S. 219).

Wirtschaftlich günstig ist auch die Möglichkeit, je nach Weltmarktpreis zu entscheiden, zu welchen Anteilen das angebaute Zuckerrohr zu Zucker oder zu Ethanol verarbeitet wird. So kann Schwankungen des Weltmarktpreises entgegen gewirkt werden. Aktuell wird Zuckerrohr je zur Hälfte zu Zucker und zu Ethanol verarbeitet (vgl. BRÜCHER 2009, S. 219).

Die folgende Tabelle zeigt die Entwicklung des Zuckerrohranbaus nach Erntefläche, Produktion und Ertrag in den Jahren 1970 bis 2007:

Jahr	Erntefläche (in 1000 ha)	Produktion (in 1000 t)	Ertrag (kg/ha)
2007	6.712	514.080	76.594
2000	4.846	327.705	67.624
1990	4.272	262.674	61.479
1970	1.725	79.753	46.230

Tabelle 2: Zuckerrohranbau 1970-2007 (vgl. KOHLHEPP 2010, S. 356)

Die anhaltende Produktionssteigerung führt zu einer Planung von Bioethanol-Anlagen in Milliardenhöhe (vgl. BRÜCHER 2009, S. 219). Bereits heute sind über 350 Destillerien in Betrieb (vgl. KOHLHEPP 2010, S. 361).

**Abbildung 6: Destillerie von LDC Bioenergia (Internet:
http://www.revistafatorbrasil.com.br/imagens/fotos/ldc_bioenergia)**

2007 belegte Brasilien den ersten Rang der Zuckerrohrproduktion mit 33% der Weltproduktion (vgl. KOHLHEPP 2010, S. 363). Der Export von Bioethanol erfolgt insbesondere nach China, Japan und in die USA (vgl. BRÜCHER 2009, S. 219).

3.3 Geoökologische Probleme des Zuckerrohranbaus und der Nutzung von Bioethanol

Über viele Jahrzehnte erfolgte in Brasilien ein äußerst verschwenderischer Umgang mit den natürlichen Ressourcen. Die späte Industrialisierung des Landes begründete den Raubbau an der Natur erst als „Preis des Rückstands", dann als „Preis des Fortschritts" (FERNANDES 2010, S. 46). Außerdem waren die technologischen Standards der späten Industrialisierung veraltet in Bezug auf den Umweltschutz, so fehlten u.a. die technischen Elemente des Recycling und der Wiederaufbereitung. Das starke Wirtschaftswachstum ab den 1940er Jahren führte zu einer der stärksten und schnellsten Umweltzerstörungen der Geschichte des Industrialismus (vgl. FERNANDES 2010, S. 46).

Heute erscheint Brasilien durch einen Anteil von 42,2% erneuerbarer Energien (vgl. MINISTERIO DE MINAS E ENERGIA 2013, S. 15) als ein Land mit hohem Umwelt- und Nachhaltigkeitsbewusstsein. Nichtsdestotrotz bringt auch die Biomasse als erneuerbare Energie zahlreiche geoökologische Probleme mit sich, wie die folgenden Punkte zeigen werden.

3.3.1 Flächenkonkurrenz Regenwald und Biomasseerzeugung

Der Boom des *grünen Goldes* führt zu einer Vergrößerung der Anbauflächen. Ökologisch problematisch ist hierbei insbesondere die Landnahme in Amazonien (vgl. KOHLHEPP 2010, S. 354). Die Beantwortung der Frage, ob es durch den gesteigerten Zuckerrohranbau zu einer Verdrängung des Regenwaldes kommt, führt zu unterschiedliche Aussagen.

Fest steht jedoch, dass der Zuckerrohranbau den Regenwald zumindest indirekt verdrängt, denn Rinderweiden und Sojaanbauflächen zur Futternutzung für die Rinder werden durch Zuckerrohranbau verdrängt und wandern so immer weiter in den Regenwald/Amazonien (vgl. BRÜCHER 2009, S. 219). Dadurch kam es in den letzten 20 Jahren zu einem Verlust von Regenwaldflächen in der Größe Deutschlands (vgl. BRÜCHER 2009, S. 220).

Auch im Südosten Brasiliens führte die allgemeine Vergrößerung von Anbauflächen (ca. 50%, insbesondere für den Zuckerrohranbau) zu einem Verlust von Weideflächen, die daher abwandern mussten (vgl. KOHLHEPP 2010, S. 354).

Die Waldflächenverluste beeinflussen auch die CO_2-Bilanz:

Weltweit gesehen stehen Brasiliens CO_2-Emissionen auf Rang 4. Die Regenwaldvernichtung durch Abholzung und Brandrodung ist heute für 62% der CO_2-Emissionen des Landes verantwortlich (vgl. KOHLHEPP, COY 2010, S. 117). „Etwa ein Drittel der durch Landnutzungsveränderungen auf der Erde erfolgten CO_2-Emissionen sind den Waldzerstörungen in Amazonien zuzuschreiben" (KOHLHEPP, COY 2010, S. 117).

Die (geplante) Expansion der Anbauflächen für Zuckerrohr wird sich außerdem auch auf die Feuchtsavannen im Nordosten des Landes erstrecken (vgl. KOHLHEPP 2010, S. 361).

In ökologisch kritischen Regionen sind allerdings Anbaurestriktionen und Zonierungsauflagen vorgesehen, so z.B. zum Schutz des Pantanal (vgl. KOHLHEPP 2010, S. 361).

3.3.2 Flächenkonkurrenz Nahrungsmittelanbau und Biomasseerzeugung

Während des *Proálcool*-Programms traten Anbauflächen für Grundnahrungsmittel und Zuckerrohr in Konkurrenz. Dies ist heute allerdings nicht mehr der Fall. Durch die allgemeine Produktivitätssteigerung beim Anbau tangiert die Ausweitung von Zuckerrohr die Erzeugung von Grundnahrungsmitteln nicht mehr. Die zum Teil schlechte Versorgung der Bevölkerung mit Nahrungsmitteln ist nicht durch die produzierte Menge begründet, sondern durch die ungleichmäßige Verteilung der Nahrungsmittel respektive die fehlende Kaufkraft eines Großteils der Bevölkerung (vgl. KOHLHEPP 2010, S. 355).

Nichtsdestotrotz wurde 2008 die Herstellung von Bioethanol bspw. von der südafrikanischen Regierung verboten, um die Bevölkerung vor Unterernährung zu schützen (vgl. BRÜCHER 2009, S. 220).

3.3.3 Wassermangel

Der „Ethanolboom" verursacht aktuell eine „ökologisch, sozial und ökonomisch unsinnige Erweiterung von bewässerten Zuckerrohr-Anbauflächen" (KOHLHEPP, ANHUF 2010, S.

143). Dabei sind gerade 5% der Böden des semi-ariden Nordosten bewässerungsfähig (vgl. KOHLHEPP, ANHUF 2010, S. 143).

Der großbetriebliche Anbau hat im Gebiet der wechselfeuchten Tropen zu einem extrem hohen Wasserverbrauch geführt. Konsequenz ist Wassermangel in zahlreichen Gemeinden dieser Regionen. Dieser wird durch die in letzter Zeit häufiger auftretenden unperiodischen klimatischen Trockenphasen und das damit verbundene Absinken der Stauseepegel zusätzlich verstärkt. Hierdurch kommt es des Weiteren zu politischen Auseinandersetzungen um die Verfügungsgewalt der Wassernutzung (vgl. KOHLHEPP, ANHUF 2010, S. 142).

Durch die Erntehäufigkeit werden außerdem die Landnutzungsmuster verändert und dies beeinflusst somit Infiltration, Eigenschaften der Versickerung, Bewegungen des Oberflächenwassers und die Wiederauffüllung der Oberflächenwasserkörper wie Seen oder Stauseen. Dadurch wird der landwirtschaftlich relevante Teil des Wasserkreislaufs in einem noch unbekannten Ausmaß verändert (vgl. ASCH, HUELSEBUSCH 2009, S. 80).

3.3.4 Anbau von Monokulturen

Die Modernisierung der großbetrieblichen Agrarwirtschaft führte zwar zur Produktionssteigerung und Exporterfolg, aber sie hat auch ihre Schattenseiten. Problematisch ist vor allem ein Dauerfeldbau in Monokulturen: Der Anbau von Zuckerrohr erfolgt ein- oder überjährig. Nach fünf Ernten erfolgt ein Wechsel zu einer Anbauperiode einjähriger Feldfrüchte (vgl. KOHLHEPP 2010, S. 355).

Die Expansion der Monokulturen führt zur Zerstörung der Biodiversität und einer verstärkten Anfälligkeit für Pflanzenkrankheiten. Darüber hinaus sind Kompaktierung der Böden durch Einsatz von Großmaschinen, starke Bodenerosion, Belastung der Böden, exzessive Anwendung von Pflanzenschutzmitteln und Kontaminierung von Grundwasser durch Überdüngung (s. auch 3.3.6) die Folgen (vgl. KOHLHEPP 2010, S. 359). Düngemittel führen des Weiteren zu einem Eintrag von N_2O und Methan in die Atmosphäre, welche eine wesentliche höhere Treibhauswirkung haben als CO_2 (300x bzw. 21x stärker) (vgl. ASCH, HUELSEBUSCH 2009, S. 82).

Die Monokulturen verursachen außerdem eine Ausdünnung der ländlichen Siedlungsstrukturen (vgl. KOHLHEPP 2010, S. 362).

3.3.5 Mechanisierung

Es kommt zu einer zunehmende Mechanisierung im Staat São Paulo beim Anbau und der Ernte von Zuckerrohr (vgl. KOHLHEPP 2010, S. 361), was einen Verlust von Arbeitsplätzen zur Folge hat (vgl. KOHLHEPP 2010, S. 362).

Ein Vorteil ist jedoch definitiv, dass das Abbrennen der Zuckerrohrfelder dadurch verschwinden wird (vgl. KOHLHEPP 2010, S. 362). Hierdurch werden die hohen CO_2-Emissionen zurückgehen und auch die Atemwegserkrankungen, die durch das Abbrennen der Biomasse bei der betroffenen Bevölkerung entstanden, sowie die Pflanzenasche (*carvãozinho*), die die Wohngebiete belastete (vgl. KOHLHEPP, ANHUF 2010, S. 142).

Des Weiteren gehen zwar Arbeitsplätze verloren, jedoch schafft die Mechanisierung gleichzeitig bessere Arbeitsverhältnisse, denn zuvor musste Zuckerrohr im Akkord geerntet werden und es kam jedes Jahr zu einigen einige tödliche Unfällen (dies ist jedoch keine Besonderheit des Zuckerrohranbaus, sondern hängt allgemein mit den schlechteren Arbeitsbedingungen in Brasilien zusammen) (vgl. BUSCH 2010, S. 200).

Die Arbeitsbedingungen sollen nicht nur in körperlicher Hinsicht, sondern auch in sozialer Hinsicht verbessert werden. Die brasilianische Regierung bekämpft sogenannte „moderne Sklaverei", indem betroffene Unternehmen auf eine „schmutzige Liste" gesetzt und den von der öffentlichen Kreditvergabe sowie der Kreditvergabe privater Banken ausgeschlossen werden (vgl. BUSCH 2010, S. 199).

Positiv erwähnen lässt sich außerdem, dass das Wachstum der Branche auch zu neuen Arbeitsplätzen geführt hat, und dies nicht nur im Bereich des Anbaus bzw. der Ernte von Zuckerrohr: In Piracicaba im Staat São Paulo hat sich ein Industrie- und Technologiecluster für Ethanol entwickelt. Die Stadt ist Hauptsitz von Cosan, einem der größten Zucker- und Ethanolproduzenten, sowie „Polo de Biocombustíveis", was bedeutet, dass sie das führende Zentrum für die Entwicklung von Biotreibstoff-Aktivitäten in Brasilien ist.

Des Weiteren ist Piracicaba Standort für eine große Spannbreite von Zulieferern (z.B. Zuckerrohrschneidemaschinen, Destillerieausstattung) und Sitz von Forschungszentren wie dem Centro do Cana Tecnologica (vgl. WELLS 2013, S. 122).

3.3.6 Kontamination

Die Kontamination der Gewässer durch das Einleiten von Abfallstoffen der Destillierung hat nachgelassen (vgl. KOHLHEPP 2010, S. 362). Allerdings erfolgt weiterhin eine Verunreinigung des Grundwassers durch die Nutzung der Schlempe als Dünger (vgl. KOHLHEPP 2010, S. 362).

3.3.7 Freisetzung von CO_2 aus Kohlenstoffsenken

Die Nutzung von Biokraftstoffen hat zwar eine Verringerung des CO_2-Ausstoßes zur Folge, gleichzeitig werden aber bei der Umwandlung von Landflächen Treibhausgase freigesetzt. So zerstören Abholzungen in Brasilien große Kohlenstoffsenken und führen dadurch zur

Freisetzung von hohen Mengen an CO_2. Solche durch Landnutzungsveränderung entstehenden Emissionen müssen zur Gesamtbilanz hinzugerechnet werden. Die „Kohlenstoffschuld" Brasiliens wäre erst nach vier Jahren Nutzung von Ethanol aus Zuckerrohr aufgehoben (vgl. ASCH, HUELSEBUSCH 2009, S. 82).

3.3.8 Verdrängung der Minifundien

Es kommt verstärkt zu Diskrepanzen zwischen Großgrundbesitz(ern), den sog. Latifundien, mit cash crops in Monokulturen und den hauptsächlich binnenmarktorientierten und oftmals nur Subsistenzwirtschaft betreibenden Klein- und Kleinstbetrieben (=Minifundien), die Grundnahrungsmittel anbauen (vgl. KOHLHEPP 2010, S. 349).

Die Großbetriebe siedeln sich in den natürlichen Gunsträumen mit besten Böden sowie mikroklimatischer und hydrologischer Eignung an, was durch die teilweise dubiosen Verfügungsrechte über Neuland noch verstärkt wird. Dies verursacht eine räumliche Verdrängung, soziale Marginalisierung und auch eine Existenzvernichtung zahlreicher Minifundien. Die hierdurch bedingte ländliche Arbeitslosigkeit und Ausweglosigkeit des Zugangs zu Eigenland führten zu einer erheblichen Verstärkung der sozialen Spannungen und zu gewaltsamen Konflikten im ländlichen Raum (vgl. KOHLHEPP 2010, S. 350).

Der ländliche Exodus, der durch diesen landwirtschaftlicher Strukturwandel verursacht wird, hat zur Folge, dass nicht nur in den Metropolen, sondern auch in Randgebieten von Mittel- und Kleinstädten Favelas entstehen (vgl. KOHLHEPP 2010, S. 351).

3.3.9 Verdrängung der indigenen Bevölkerung

Laut einer Volkszählung des Brasilianischen Instituts für Geographie und Statistik (IBGE) im Jahr 2000 leben rund 700.000 Indigene in Brasilien (vgl. FERNANDES FERREIRA 2002, S. 36). Eine genaue Zahl ist recht schwierig zu ermitteln, da es Gruppierungen gibt, die keinen regulären Kontakt mit der Gesellschaft haben (vgl. ebd., S. 39).

Alle indigenen Ethnien Brasiliens sind von einem schleichenden Untergang bedroht. So verlieren sie bspw. durch Umweltzerstörung ihre wirtschaftliche, soziale und kulturelle Existenzgrundlage (vgl. ebd., S. 63). Gesetze und staatliche Organisationen, die die Interessen der Indigenen schützen sollen, haben sich häufig als unwirksam erwiesen, da an erster Stelle die Interessen von Großgrundbesitzern, Behörden und einflussreichen Industrieunternehmen stehen (vgl. ebd., S. 57). Verschlimmert wird die Situation durch angeheuerte bewaffnete Banditen, die die indigene Bevölkerung vertreiben sollen, wenn sie sich gegen den Landraub wehren (vgl. ebd., S. 57-58). Besonders in den 90er Jahren kam es wiederholt zu Morddrohungen und Morden an Indigenen aufgrund von Landrechtskonflikten, die unverfolgt oder unbestraft blieben (vgl. ebd., S. 143).

Im Fall des Zuckerrohranbaus sind insbesondere die *Guarani-Kaiowá* im Bundesstaat Mato Grosso do Sul betroffen (ca. 25.000 Menschen) (vgl. ebd., S. 149).

Ursprünglich lebten sie in Mato Grosso do Sul als Jäger und Sammler auf Grundlage fruchtbarer Böden und eines großen Wildtierbestands. Großflächige Rodung und intensive Landwirtschaft wirkten sich jedoch negativ darauf aus, sodass den Guarani-Kaiowá die Lebensgrundlage entzogen wurde. Um sich alternativ einen Lebensunterhalt zu erwirtschaften arbeiten sie nun auf Zuckerrohrplantagen oder in Ethanolfabriken. Hierzu müssen sie jedoch über Monate ihre Gemeinschaft verlassen und die Bezahlung reicht oftmals nicht aus (vgl. ebd., S. 150).

Obwohl ein Teil des Landes der Großgrundbesitzer, die die Zuckerrohrplantagen (oder auch Sojaplantagen und Viehzucht) betreiben, nicht bewirtschaftet wird, bestehen sie auf dieses Eigentum, verteidigen es mit Gewalt und versuchen die Ureinwohner aus dem ursprünglich ihnen gehörenden Land zu vertreiben (vgl. ebd., S. 149).

In jüngerer Vergangenheit geriet in diesem Zusammenhang der Energiekonzern Shell in die Schlagzeilen. 2010 gründete das Unternehmen in Brasilien mit dem dort heimischen Ethanol-Konzern Cosan die Firma Raízen. Allerdings nutzte auch deren Zuckerrohr-Lieferant Gewalt, um in Mato Grosso do Sul Plantagen anzulegen und die Guarani zu vertreiben. So wurden diese im November 2011 überfallen und ihr Gemeindesprecher getötet. Dennoch warb Shell mit ‚nachhaltig‘ erzeugten Biokraftstoffen. Nach massiven Protesten von Umweltschützern und Menschenrechtlern zog sich Shell schließlich im Juni 2012 aus Mato Grosso do Sul zurück (vgl. regenwald.org 2012, web).

4 Fazit

Energie aus Biomasse – genauer gesagt Ethanol aus Zuckerrohr ist unbestritten ein überaus bedeutender Wirtschaftsfaktor für Brasilien: Mit über 500 Mio. t (2007) Zuckerrohranbau ist Brasilen weltweit größter und billigster Produzent von Zuckerrohr, es erzeugt 33% der Weltproduktion (vgl. KOHLHEPP 2010, S. 363ff.). Nach den USA ist Brasilien zweitgrößter Produzent und Konsument von Ethanol (35%, USA 37%) (vgl. BIOTECHNOLOGIE.DE 2013, web) und bei der Herstellung von Ethanol aus Kostensicht weltweit konkurrenzlos.

Wie in den vorangegangenen Kapiteln gezeigt wurde, konnte sich Brasilien hiermit aus der Importabhängigkeit lösen und zahlreiche Arbeitsplätze sowie Forschungsbereiche ausbauen.

Zwar besitzt Bioethanol mit 21 MJ/l nur 65% des Energiegehalts von Benzin (vgl. BRÜCHER 2009, S. 213) und ist daher nur rentabel, wenn auch der Ethanolpreis nicht mehr als 65% des Benzinpreises beträgt, jedoch gilt Ethanol aus Zuckerrohr als der produktivste bzw. kostengünstigste und als der nachhaltigste:

Mit 6000l/ha erzielt Zuckerrohr die höchsten Litererträge und die Produktivität ist aufgrund der vorherrschenden Produktionsbedingungen bei Ethanol auf Zuckerrohrbasis pro Hektar fast doppelt so hoch wie auf der Basis von Mais in den USA (vgl. BRÜCHER 2009, S. 213).

Da Ethanol in Brasilien ohne den Einsatz von fossilen Energien produziert werden kann, sind die CO_2 Bilanzen der Bioethanolproduktion hier wesentlich günstiger als in Europa (vgl. HENNIGES, ZEDDIES 2007, S.359).

Im Vergleich zu konventionellem Benzin kann Ethanol aus Zuckerrohr den Ausstoß von Treibhausgasen um 70% senken und kann auch im Vergleich zu Bioethanol aus anderen Pflanzen den höchsten Beitrag zur Reduzierung der CO_2-Emissionen leisten. (vgl. OECD 2008, S. 48).

Brasilien kommt hiermit seiner Verpflichtung gegenüber der nachhaltigen Entwicklung, die auf der Konferenz von Rio de Janeiro 1992 vorgeschlagen wurde, nach und hat in den letzten 30 Jahren bezüglich der Umweltregelungen einen qualitativen Sprung gemacht (vgl. BOHN 2010, S. 43). Die Nachhaltigkeit der Ethanolproduktion in São Paulo wurde von sowohl von den Niederlanden als auch den USA zur Erteilung der Importlizenz anerkannt (vgl. KOHLHEPP 2010, S. 363).

Nichtsdestotrotz hat die vorliegende Arbeit gezeigt, dass der Anbau und die Nutzung von Biomasse als Energie nicht allgemeingültig als die beste Lösung des Energieproblems betrachtet werden können. Insbesondere müssen im Rahmen der Bioethanolproduktion in

Brasilien zwei ‚Säulen der Nachhaltigkeit' noch erheblich ‚stabilisiert' werden: Die ökonomische und soziale. Die bestehenden Pläne, bis 2025 ein Zehntel des Weltkonsums an fossilen Treibstoffen mit brasilianischem Bioethanol zu ersetzen (vgl. BRÜCHER 2009, S. 219), weisen deutlich auf eine weitere Ausdehnung der Anbauflächen hin, was zu den in Kapitel 3 angesprochenen Problemen Flächenkonkurrenz, Wassermangel, Schädigung durch Monokulturen bzw. der Biodiversität und vielem mehr führen kann oder sogar wird. Es müssten also noch wesentlich mehr Umweltschutzmaßnahmen aufgestellt werden.

Ebenso müssen sowohl die Gebiete der indigenen Bevölkerung als auch die Anbauflächen der Klein- und Kleinstbetriebe besser geschützt werden oder den Betreibern letzterer zumindest angemessene Alternativen unter würdigen Bedingungen geboten werden.

Des Weiteren bietet auch die Erforschung des Einsatzes von Bagasse, dem Abfallstoff bei der Zucker- und Ethanolproduktion, noch erhebliches Ausbaupotenzial, da die daraus erzeugte Elektrizität bisher fast nur der innerbetrieblichen Versorgung dient.

5 Literaturverzeichnis

Monographien:

BRÜCHER, W. (2009): *Energiegeographie. Wechselwirkungen zwischen Ressourcen, Raum und Politik.* Berlin, Stuttgart.

BUSCH, A. (2010): *Wirtschaftsmacht Brasilien. Der grüne Riese erwacht.* Bonn.

KALTSCHMITT,M., WIESE; A. (Hrsg.) (1997): *Erneuerbare Energien. Systemtechnik, Wirtschaftlichkeit, Umweltaspekte.* Berlin, Heidelberg.

WELLS, P. E: (2013): *Business Models for Sustainibility.* Padstow.

Aufsätze in Sammelbänden:

ANHUF, D. (2010): Naturräumliche Grundlagen. In: COSTA, S. et al. (Hrsg.): Brasilien heute. Frankfurt. S. 15-32.

ANTONIETTI, M., GLEIXNER, G. (2008): *Biomassenutzung für globale Zyklen: Energieerzeugung oder Kohlenstoffspeicherung?* In: SCHÜTH, F. (Hrsg.): Die Zukunft der Energie. München. S. 212-222.

BOHN, N. (2010): *Die Entwicklung der brasilianischen Umweltpolitik.* In: GOLDMANN, G. et al. (Hrsg.): Nachhaltigkeit im Vergleich: Deutschland und Brasilien. Stand, interkulturelle Unterschiede und Perspektiven. Berlin. S. 21-44.

FERNANDES, V. et al. (2010): *Analyse der „Nicht-Politik" im Bereich der Umwelt im Bundesstaat Santa Catarina und in Brasilien.* In: GOLDMANN, G. et al. (Hrsg.): Nachhaltigkeit im Vergleich: Deutschland und Brasilien. Stand, interkulturelle Unterschiede und Perspektiven. Berlin. S. 45-60.

KOHLHEPP, G., ANHUF, D. (2010): *Umweltprobleme und Umweltschutz.* In: COSTA, S. et al. (Hrsg.): Brasilien heute. Frankfurt. S. 135-156.

KOHLHEPP, G., COY, M. (2010): *Amazonien. Vernichtung durch Regionalentwicklung oder Schutz zur nachhaltigen Nutzung.* In: COSTA, S. et al. (Hrsg.): Brasilien heute. Frankfurt. S. 111-134.

KOHLHEPP, G. (2010): *Strukturprobleme der Agrarwirtschaft und Entwicklungsdynamik des Agrobusiness.* In: COSTA, S. et al. (Hrsg.): Brasilien heute. Frankfurt. S. 349-368.

STITT, M. (2008): *Kontrolle des Pflanzenwachstums.* In: SCHÜTH, F. (Hrsg.): Die Zukunft der Energie. München. S. 170-189.

Aufsätze in Zeitschriften:

AMMERMANN, K., MENGEL, A. (2011): *Energetischer Biomasseanbau im Kontext von Naturschutz, Biodiversität, Kulturlandschaftsentwicklung.* In: Informationen zur Raumentwicklung, Heft 5/6, S. 323-336.

ASCH, F., HUELSEBUSCH, C. (2009): *Agricultural Research for Development in the Tropics: Caught between Energy Demands and Food Needs.* In: Journal of Agriculture and Rural Development in the Tropics and Subtropics, Band 110, Heft 1. Ohne Ort. S. 75–91.

FERNANDES FERREIRA, E. (2002): Indigene Ethnien Brasiliens. Ihr Kampf um Land, Recht, soziale Anerkennung und ihr ethnisches Selbstwertgefühl. Eine Untersuchung zur aktuellen Lage der Indigenen Brasiliens. In: JENSEN, J. (Hrsg.): Interethnische Beziehungen und Kulturwandel Ethnologische Beiträge zu soziokultureller Dynamik. Band 50. Hamburg.

HENNIGES, O., ZEDDIES, J. (2007): Biofuels – experiences and perspectives in industrialized and developing countries. In: Quarterly Journal of International Agriculture, Band 46, Heft 4. Ohne Ort. S. 349-371.

HERRMANN, R., ROSINSKI, M. (1994): *Gräser für jeden Zweck. Bambus, Reis, Zuckerrohr.* In: ZINSMEISTER (Hrsg.): Informationsschriften aus dem Botanischen Garten der Universität des Saarlandes, Heft 8. Saarbrücken. S. 16-19.

OECD (2008): *Biofuel Support Policies: An Economic Assessment.* DOI: 10.1787/9789264050112-2-en

SCHEER, H. (2004): *Klimawandel und erneuerbare Energien.* In: Internationale Politik – Energie und Klima, Heft 8, 2004. Bielefeld. S. 1-6.

SCHÖLZEL, C. (2000): *Brasiliens Reaktionen auf die Erdölpreisschocks – ein Sonderweg in eine Sackgasse?* In: Weigert, E. et al. (Hrsg.): Nürnberger Wirtschafts- und sozialgeographische Arbeiten, Band 56. Nürnberg.

Internetquellen:

BIOTECHNOLOGIE.DE (2013): Biotechnologie in Brasilien. URL: http://www.biotechnologie.de/BIO/Navigation/DE/Hintergrund/laender-im-fokus,did=138856.html (letzter Abruf 25.03.14)

LEXIKON DER NACHHALTIGKEIT (2014): *Definition Nachhaltigkeit.* URL: http://www.nachhaltigkeit.info/artikel/definitionen_1382.htm (letzter Abruf 24.02.14)

MINISTERIO DE MINAS E ENERGIA (2013): *Balanco energético nacional 2013.* URL: https://ben.epe.gov.br/ (letzter Abruf 13.12.13)

ÖKOSYSTEM ERDE (2011): Energie und ihre Einheiten. URL: http://www.oekosystem-erde.de/html/energieeinheiten.html (letzter Abruf 25.03.14)

PFLANZENFORSCHUNG.DE (o.J.): *Lexikon A-Z. Bagasse.* URL:
    http://www.pflanzenforschung.de/de/themen/lexikon/bagasse-588 (letzter Abruf
    25.02.14)

REGENWALD.ORG (2012): *Blutiger Landraub für Zuckerrohr. E10 aus Brasilien.* URL:
    http://www.regenwald.org/regenwaldreport/2012/365/blutiger-landraub-fuer-
    zuckerrohr (letzter Abruf 17.03.14)